PHOSPHATE

ET

CHLORHYDRO-PHOSPHATE DE CHAUX

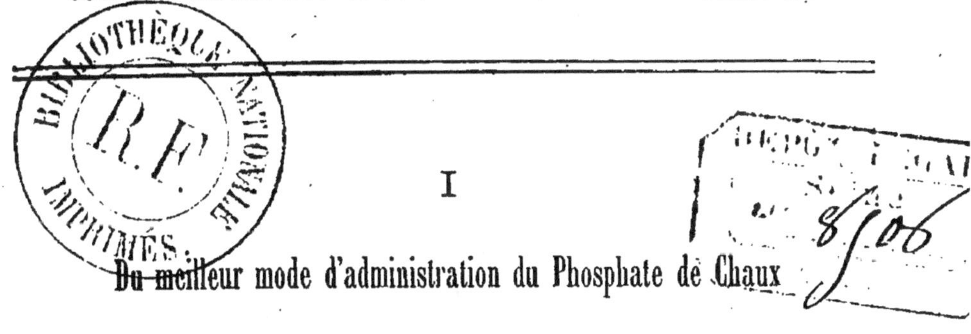

I

Du meilleur mode d'administration du Phosphate de Chaux

Il y a bientôt trois ans, obéissant à des idées de chimie biologique acceptées par la plupart des chimistes modernes, je soumettais à l'appréciation des médecins français une nouvelle préparation de phosphate de chaux à laquelle me paraissaient devoir s'attacher de nombreux avantages. — Et j'étais en droit d'espérer qu'au point de vue des résultats cliniques, on obtiendrait tout ce qu'il était permis d'attendre du phosphate de chaux.

Mais le succès dépassant mes espérances au delà de toute prévision, ce médicament s'est généralisé avec une rapidité dont il existe bien peu d'exemples, et qui m'est seulement expliquée par les nombreuses observations qui me sont parvenues de tous côtés.

Sans m'en douter, j'avais trouvé peut-être, comme me l'ont écrit plusieurs médecins, un médicament ayant une valeur propre que les effets connus du phosphate de chaux ne suffisaient pas à expliquer. — Mon ambition ne va pas jusque-là. — Mais, cependant, je considère comme un devoir d'appeler sur ces faits l'attention des médecins qui n'ont point employé encore ma préparation, et, en même temps, je remercie ceux qui, en ayant usé, ont bien voulu me communiquer les observations si intéressantes et si décisives qu'ils ont recueillies.

Je tâcherai d'être bref, quoique l'importance du sujet demande quelques développements. — Et on me pardonnera si je ne le suis pas autant que je le désirerais.

Tous les médecins connaissent les applications très-nombreuses et très-importantes du phosphate de chaux, applications que la théorie avait fait entrevoir depuis longtemps, mais qui n'avaient pu être suffisamment vérifiées que du jour où l'on a employé ce sel à l'état de dissolution. — En terminant, d'ailleurs, je rappellerai en quelques mots ces applications.

Mais les préparations de phosphate de chaux en usage ne remplissaient ni théoriquement, ni pratiquement les conditions qu'il était permis d'entrevoir.

Le phosphate de chaux sec est insoluble.

Le phosphate de chaux gélatineux ou hydraté se dissout avec un peu plus de facilité, mais très-faiblement encore, et je démontrerai pourquoi tout à l'heure.

Vinrent alors le phosphate acide et le lacto-phosphate de chaux avec lesquels il fut possible de faire des expériences concluantes. — L'un et l'autre, en effet, ont produit des résultats, mais ni l'un ni l'autre ne pouvaient s'administrer à des doses suffisantes, au moins sans employer une grande quantité de véhicule, et nous verrons qu'ils ne réalisaient pas en outre les conditions qu'on devait désirer.

En effet, pour le *Phosphate acide*, quoique dans la solution du phosphate de chaux par un acide il se forme une certaine quantité de phosphate acide et un sel de chaux, il n'en est pas moins vrai qu'en fait, une solution par l'acide chlorhydrique, obtenue d'une certaine façon, — que j'indiquerai, — peut contenir, sous le même volume, infiniment plus de sel qu'une simple solution de phosphate acide, tout en étant elle-même beaucoup moins acide que cette dernière.

La chose est on ne peut plus facile à vérifier. Et si l'on ne voulait point faire soi-même les deux préparations, on n'a qu'à comparer ma solution avec une solution de bi-phosphate. — En les traitant par l'ammoniaque, qui précipitera le phosphate de chaux, on verra quelle différence il y aura, à acidité égale, dans les quantités de sel.

Une autre preuve d'ailleurs qu'il ne saurait y avoir parité dans les deux préparations, c'est que le phosphate acide ou bi-phosphate, comme le phosphate sec ou hydraté, ne s'absorbe qu'en proportion extrêmement faible, comme l'a démontré, par de nombreuses expériences, le Dr Lestage (thèses de Paris), et comme l'avait déjà avancé M. Mialhe, tandis que le Chlorhydrophosphate de chaux se retrouve en grande quantité dans les urines.

Il n'y avait pas d'ailleurs à s'occuper du bi-phosphate de chaux au point de vue d'une préparation pharmaceutique particulière. Ce sel est soluble en toutes proportions, et les pharmaciens qui n'en auraient pas dans leur officine peuvent s'en procurer partout de parfaitement pur, de façon à exécuter toutes les prescriptions magistrales des médecins qui voudraient en faire usage.

Quant au lacto-phosphate de chaux, comme il faut 32 grammes d'acide lactique pour dissoudre seulement 10 grammes de sel; et 1,000 grammes de véhicule pour éteindre l'acidité d'une façon supportable, il s'ensuit qu'il était nécessaire, pour absorber 1 gramme de phosphate de chaux, d'avaler 100 grammes de sirop.

Cette préparation ne réalisait pas d'ailleurs le mode employé par l'économie pour dissoudre et s'assimiler le phosphate de chaux. Et en outre il pouvait y avoir danger à prendre, pendant un certain temps, de l'acide lactique[1].

Or, à l'époque où je faisais mes premières recherches, tous les chimistes étaient d'accord pour admettre que c'était l'acide chlorhydrique et non l'acide lactique qui était l'acide du suc gastrique[2]? — Si donc il y avait déjà

---

1. De nombreuses expériences faites par le Dr Heitzmann ont démontré que l'usage de l'acide lactique était une des causes les plus puissantes du développement du rachitisme et de l'ostéomalacie chez les carnivores. En cinq ou six semaines, douze chiens ou chats parfaitement nourris, mais chez lesquels on avait mêlé de l'acide lactique aux aliments, présentèrent une courbure maximum dans les epiphyses de la colonne vertebrale, avec convexité externe. — Avant Heitzmann, Marchand, Ragski Lehmann et Simon avaient déjà constaté dans l'urine des rachitiques la présence de l'acide lactique.

Enfin le Dr Lestage a pleinement confirmé le même fait, car tous les animaux auxquels il a donné du lacto-phosphate de chaux sont morts ou ont deperi rapidement.

2. Depuis, et pour les besoins de la cause, on a voulu reprendre cette question de l'acide

avantage, au point de vue chimique, à substituer le premier au second, cet avantage était encore bien plus considérable au point de vue physiologique, puisqu'on se mettait ainsi exactement dans les conditions employées par l'organisme pour dissoudre le phosphate de chaux naturellement contenu dans les aliments.

Voilà les diverses considérations qui me donnèrent la pensée de dissoudre le phosphate de chaux au moyen de l'acide chlorhydrique. Et j'appliquai à cette solution le nom de chlorhydro-phosphate de chaux qui rappelait sa composition, comme cela avait déjà été fait pour le lacto-phosphate, mais sans avoir la prétention de présenter un nouveau sel défini.

Cette préparation toutefois, qui paraît si simple à première vue, présente des difficultés d'exécution dont il est tout d'abord difficile de se faire une idée.

Beaucoup de pharmaciens ont essayé de l'obtenir et n'ont pu y arriver faute des appareils nécessaires. — Quelques-uns l'ont reconnu, mais d'autres ont cru l'avoir parfaitement exécutée, et les médecins n'ont pu alors en obtenir les effets sur lesquels ils comptaient, ce qui les a découragés, comme je l'ai appris par divers faits arrivés à ma connaissance.

Voici quelle est cette difficulté : *Pour dissoudre le phosphate de chaux avec le minimum d'acide, il faut opérer sur du phosphate à l'état naissant.* — Que l'on fasse agir de l'acide chlorhydrique sur du phosphate de chaux préparé depuis seulement douze heures, il faudra plus de 17 grammes d'acide pur, d'une densité de 1,17, pour dissoudre 10 grammes de ce sel supposé sec. — Que l'on fasse la réaction, au contraire, au moment même où vient de se produire le phosphate de chaux, il ne faudra plus que SIX GRAMMES d'acide.

Or, là est le tour de main, et la nécessité d'avoir des appareils de filtrage spéciaux, pour arriver à filtrer et laver plusieurs fois le produit d'une façon presque instantanée.

Ce fait qui, chose assez bizarre, ne se produit pas avec les autres acides, suffit à démontrer combien peu l'on doit compter sur la dissolution du phosphate gélatineux au contact de l'acide chlorhydrique du suc gastrique, et rend compte de l'inanité de cette préparation encore adoptée cependant par quelques praticiens éminents qui ignorent le point que je viens de signaler.

On voit donc maintenant quelles différences peuvent exister entre deux solutions chlorhydriques de phosphate de chaux, diversement préparées, au point de vue de l'acidité et de la concentration du sel.

D'un autre côté, on a pu, par ce rapide exposé de la question chimique, se rendre compte des avantages auxquels je faisais allusion en commençant.

Préparation rationnelle et éminemment physiologique, puisque le phosphate de chaux pénètre ainsi dans l'économie sous la forme qu'il prend naturellement lorsqu'il est à l'état de phosphate des aliments. — Mais avec cette différence qu'il ne distrait rien de l'acide du suc gastrique.

Concentration plus grande du sel.

Acidité insignifiante.

Action eupeptique de le petite quantité d'acide chlorhydrique libre qui existe dans la préparation et dont les effets concourent, précisément, par d'autres voies au même but que le phosphate de chaux.

En outre, action spéciale éminemment favorable du chlorure de calcium qu'elle contient, comme l'ont démontré les Drs Mercadié et Rabuteau dont nous donnerons l'opinion, ce qui donne à notre solution des propriétés toutes spéciales, indépendantes du phosphate de chaux, et en font un médicament à part.

---

du suc gastrique. — Mais l'évidence des résultats fournis par des expériences récentes dues au Dr Rabuteau, l'ont jugée d'une façon définitive. — Tous les journaux de médecine ont rapporté ces expériences qu'on trouvera comme appendice à la fin de ce travail, je n'ai donc pas besoin d'insister.

Facilité d'administration. — *N'ayant aucun goût quand on la mélange à de l'eau sucrée ou du vin, les malades peuvent en prendre pendant très-longtemps sans en être fatigués, comme des sirops.*

Enfin, prix infiniment plus réduit, eu égard à la quantité de sel, — ce qui n'est point à dédaigner pour un traitement de longue durée.

On a cependant reproché à cette préparation de laisser un arrière-goût. — Mais ceci n'a lieu que lorsqu'on la prend à jeun, jamais quand on la prend avant de manger, ce qui doit toujours être [1].

Mais je n'ai parlé que des préparations de phosphate de chaux qui existaient avant la mienne, et j'ai démontré la supériorité de celle-ci. — Or, depuis son introduction dans la thérapeutique, il s'est produit d'autres préparations dont je dois dire quelques mots.

M. Colomer, pharmacien à Paris, guidé par un travail du Dr Lestage, a présenté à la Société de thérapeutique deux nouveaux sels de phosphate de chaux, le glycéro-phosphate et le phospho-vinate. Bien supérieurs sans contredit au bi-phosphate et au lacto-phosphate, et applicables surtout aux maladies qui sont sous la dépendance d'une dépression nerveuse, je ne crois pas qu'ils arrivent, dans les autres cas, à produire les mêmes résultats que le chlorhydro-phosphate qui agit, ai-je dit, par l'action combinée du phosphate de chaux, de l'acide chlorhydrique et du chlorure de calcium.

Mais en admettant même que l'expérience clinique — qui n'est pas encore faite — leur fût également favorable, la question de prix — très-élevés pour ces deux sels — serait toujours un obstacle à la généralisation de leur emploi.

Tout récemment est née encore une autre préparation de phosphate de chaux, je devrais dire du phosphate de chaux, car il ne sagit que d'un mode de préparation du phosphate sec, sur lequel M. Falières s'est longuement étendu dans un mémoire lu à la Société de pharmacie de Bordeaux.

Par ce mode de préparation, M. Falières dit avoir obtenu du phosphate de chaux sec infiniment plus soluble que celui qui existe dans les pharmacies. — D'après ce savant confrère, 14 grammes de ce phosphate de chaux seraient dissous par une quantité d'acide chlorhydrique sensiblement équivalente, dans 1,000 grammes d'eau. — La proportion d'acide est déjà bien supérieure à celle que nous employons, mais il y a un fait bien autrement important. — M. Falières dit : « Dans un litre de suc gastrique, il y a trois grammes d'acide chlorhydrique libre, il se dissoudra donc une forte proportion de phosphate de chaux. » Mais M. Falières oublie — sans compter cette énorme quantité de suc gastrique nécessaire — que cet acide chlorhydrique est indispensable à la digestion des aliments, et que, sous peine de la voir souffrir, une très-faible quantité d'acide pourra seulement être distraite pour servir à la solution du

---

1. Il se vend dans le commerce, sous le nom de chlorhydro-phosphate de chaux, des bouillies informes qui ont la prétention de représenter sous un petit volume les solutions acides. Nous devons mettre les médecins en garde contre ces préparations. — Comme le dit très-bien, en effet, M. Falières, président de la Société de pharmacie de Bordeaux :

« Au point de vue de la pharmaceutique, ce sont là des produits véritablement monstrueux : « tout y est arbitraire et livre aux hasards d'une fabrication irrégulière. Dans la plupart des « cas, ces bouillies sont préparées en délayant des poudres impalpables de phosphate de chaux « dans des acides lactique ou chlorhydrique concentrés. Les superphosphates industriels donnent « une idée de ces prétendus chlorhydro et lacto-phosphates. Mais qui ne voit que le but à « atteindre est différent? L'exagération constante de l'acide dissolvant, l'impossibilité de contrôler « efficacement sans annalyse minutieuse les quantités de phosphate réel, les variations « de l'eau dont il faudrait pourtant tenir compte, tout concourt à rendre difficile et incertain « l'emploi de ces produits commerciaux qu'une tolérance non raisonnée a laissés s'introduire « dans certaines officines. »

phosphate de chaux, tandis que la solution préalable apporte dans l'estomac le sel prêt à être absorbé, sans aucun détriment pour la digestion.

Je passe maintenant aux faits cliniques. J'ai voulu faire connaître les idées, les principes qui m'avaient guidé dans cette préparation. Mais de même qu'ils auraient perdu toute valeur si l'expérience clinique n'était venue les confirmer, de même aussi ils doivent s'effacer devant cette expérience si hautement démonstrative.

Les résultats produits ont été véritablement exceptionnels, en effet, et, comme je l'ai déjà dit, c'est là ce qui m'a engagé à les porter à la connaissance des médecins qui n'auraient pas encore employé ma solution, — persuadé qu'à l'occasion elle pourrait leur rendre de grands services.

II

Résultats cliniques

Les applications du phosphate de chaux — médicament éminemment physiologique — sont fort nombreuses, comme nous le verrons. — Aussi ma solution a-t-elle été employée dans un grand nombre de cas divers, et je pourrais, en choisissant dans les documents qui m'ont été adressés, réunir un très-grand nombre d'observations cliniques extrêmement intéressantes et se rapportant aux cas morbides les plus variés. — Mais il me faudrait pour cela un volume. D'ailleurs, il me paraît préférable de ne citer que les faits qui, par leur insertion dans les journaux de médecine les plus autorisés, ont acquis une sanction qui pourrait, jusqu'à un certain point, faire défaut à ceux, inédits, que je possède.

Voici d'abord quelques observations ne concernant que la phthisie, que le Dr Petit a publiées dans la *Gazette des hôpitaux* du 23 septembre 1873 :

« L'emploi du chlorhydro-phosphate de chaux m'a donné dans la phthisie des résultats tellement encourageants, que je n'hésite pas à inviter les médecins à essayer cette préparation. Je suis certain qu'ils en obtiendront à peu près toujours des effets qu'aucun autre médicament ne saurait produire. Et peut-être, par des observations répétées sur une large échelle et dans des conditions diverses, arriverons-nous à déterminer parfaitement les cas dans lesquels une amélioration soutenue et même une guérison pourront être espérées.

« Aujourd'hui, je me bornerai à constater ce que j'ai pu observer depuis environ huit mois dans une quinzaine de cas.

« D'une façon générale, quel que fût le degré de la maladie et son caractère de phthisie active ou torpide, voici les premiers résultats que j'ai pu apprécier :

« Retour presque immédiat de l'appétit, diminution de la toux, de la fièvre et des sueurs. Enfin retour des forces, à ce point que les malades ont pu se croire à peu près guéris.

« Mais, dans la phthisie active, — je ne dis pas aiguë, — ces effets ne se sont pas soutenus plus de deux à trois mois. Il en a été de même dans les périodes très-avancées de la maladie. Elle a pris le dessus et a continué à suivre sa marche ordinaire.

« Mais procédons par ordre :

« Dans quatre cas (trois hommes et une femme), il s'agissait d'une phthisie au début et à marche lente. Les malades toussaient depuis assez longtemps, avaient craché du sang, perdu l'appétit et les forces, et s'étaient amaigris à des degrés divers. Il y avait un peu de matité à l'un des sommets et dans des points variables, de l'affaiblissement dans le murmure vésiculaire, de l'expiration prolongée, une seule fois quelques craquements humides.

« Chez ces quatre malades, vingt jours à un mois de traitement, sans autre médication qu'une à deux cuillerées à bouche de solution au chlorhydrophosphate de chaux prises dans un demi-verre d'eau et de vin immédiatement avant les deux principaux repas, avaient fait disparaître les symptômes accusés, les signes physiques persistant encore.

« Depuis lors, environ cinq à huit mois, l'état le plus satisfaisant s'est maintenu, et les malades ont cessé le médicament, malgré mon désir de le leur faire continuer.

« Qu'arrivera-t-il maintenant, à l'automne et à l'hiver? C'est à suivre évidemment. Mais il est à remarquer déjà que l'amélioration a été rapide et soutenue, qu'elle s'est produite de février à mai, par un temps pluvieux et froid, très-peu favorable, et qu'enfin diverses autres médications, qui paraissaient parfaitement appropriées, n'avaient amené aucun changement.

« Dans deux autres cas, — un jeune homme de dix-neuf ans et une jeune fille de vingt ans, — les malades, quoique présentant peu de signes physiques concluants, offraient tous les symptômes généraux de ces phthisies à marche rapidement envahissante. — Malades depuis peu de temps, ils avaient une toux sèche, quinteuse ou incessante, un mouvement fébrile très-accentué le soir, des sueurs abondantes, de l'insomnie.

« Dès les premiers jours, l'appétit était revenu, la toux, la fièvre et les sueurs avaient disparu, et pendant deux mois leur santé semblait si satisfaisante que la jeune fille s'est mariée.

« Quant à moi, vu l'obscurité des signes physiques, je croyais bien sincèrement m'être trompé dans mon diagnostic; mais il n'était que trop vrai. Le jeune homme, sans imprudence appréciable, a été repris d'une façon presque subite, et la maladie a marché si rapidement, qu'elle l'a emporté il y a à peine quelques jours.

« La jeune femme, en dormant les croisées ouvertes, a pris une bronchite qui a réveillé tous les accidents, et aujourd'hui je n'ai aucun espoir.

« Chez deux autres malades, il y avait des craquements humides très-prononcés, et l'un présentait un bruit de souffle sous la clavicule droite. J'ai perdu ce dernier de vue au moment où son état général était devenu très-satisfaisant. Quant à l'autre, il se trouve dans une excellente situation, et il continue le médicament.

« Enfin, dans les six dernières observations, la maladie était, à des degrés divers, dans une période très-avancée. Or, chez tous, j'ai pu observer, d'une façon rapide, les changements que je signalais plus haut. Trois ont vu leur amélioration se maintenir, avec quelques rechutes sans durée; chez les trois autres, elle ne s'est pas soutenue, et la maladie suit fatalement son cours.

« En présence de ces résultats qui, en somme, dépassent de beaucoup ceux qu'on obtient habituellement, je me suis demandé quel fond on pouvait faire sur cette médication.

« Je crois tout d'abord que ces effets si prompts et si utiles, qui se sont toujours manifestés dès le début, doivent être attribués à l'action combinée de l'acide chlorhydrique et du phosphate de chaux.

« L'acide chlorhydrique augmente l'acidité naturelle du suc gastrique et favorise la digestion des aliments protéiques; après coup, il agit, en outre, par sa transformation en chlorure de sodium, comme excitant de l'hématose, et personne n'ignore les résultats obtenus avec ces deux agents par Trousseau, Caron, Amédée Latour et tant d'autres.

« Quant au phosphate de chaux, on est fixé aujourd'hui sur le rôle considérable qu'il exerce sur la nutrition.

« Mais en dehors de ces effets communs, très-importants déjà, car, comme

le dit le docteur Jaccoud : « Le premier but qu'on doit se proposer, c'est
« d'obtenir une restauration de la nutrition et des forces, afin que l'accroisse-
« ment de la résistance organique arrête le procès·us local, et substitue à
« l'évolution nécrobiotique un état stationnaire ou même une évolution répa-
« ratrice. » En dehors, dis-je, de ces effets, ne peut-on espérer du phosphate de
chaux une action consécutive spéciale au point de vue de la transformation
crétacée des tubercules ?

« On a déjà démontré l'action toute particulière qu'exerce le phosphate de
chaux dans le rachitisme, la scrofule, les anémies, et le chlorhydro-phosphate
de chaux, surtout, rend cette démonstration on ne peut plus évidente. Mais
l'action dont je parle attend encore l'expérience. Cependant, qu'on veuille
bien méditer sur ces deux faits :

« 1º La relation qui existe entre la nutrition générale et la nutrition des
ongles, et particulièrement au point de vue des affections pulmonaires qui se
traduisent par la déformation que tout le monde connaît. Or, le phosphate
de chaux, comme l'ont remarqué beaucoup de médecins, et entre autres
le docteur Rabuteau, agit sur les ongles de la façon la plus palpable. Ne
pourrait-on pas en déduire une action analogue sur la nutrition pulmonaire ?

« 2º Les chiens ne sont jamais phthisiques, et on ne peut l'attribuer qu'à
la grande quantité de phosphate de chaux qu'ils prennent chaque jour et
qu'ils digèrent infiniment mieux que nous.

« N'y a-t-il pas là une espérance à concevoir ?

« Pour mon compte je ne serais pas surpris de voir se confirmer ces
idées que je ne fais qu'indiquer sur ces propriétés spéciales du phosphate de
chaux, propriétés que les diverses préparations que l'on trouvait jusqu'ici dans
les pharmacies ne permettaient pas de découvrir, en raison du peu d'action
qu'elles possédaient. »

Deux autres observations de phthisie ont été insérées dans le *Moniteur
thérapeutique* (numero du 1ᵉʳ décembre 1873) :

« L'un de ces malades, Pierrot (Alphonse), d'Essonne (Seine-et-Oise), en
traitement depuis le 21 septembre, a vu disparaître rapidement, malgré la
saison défavorable, les accidents les plus graves. Aujourd'hui, en effet, il n'a
plus d'hémoptisies (et elles étaient très-fréquentes et très-abondantes), plus
de toux, d'essoufflement, ni de faiblesse, et son appétit est des plus soutenus.

« L'autre, Mᵐᵉ Huet, de Montgeron (Seine-et-Oise), ayant au sommet
gauche des tubercules en voie de ramollissement, entrée en traitement le 11
avril 1873, a cessé toute médication vers le 15 mai, et, jusqu'à ces jours derniers, s'est mieux portée que jamais. A la suite d'une course violente, elle a
été prise d'une hémoptysie, et s'est remise de nouveau entre nos mains. Mais
le chlorhydro-phosphate de chaux a de nouveau fait disparaître tous les accidents. »

Voici encore un autre article sur les bons effets de ma solution dans le
traitement de la phthisie, que je trouve dans l'*Union médicale*, sous la signa-
ture du docteur Cailletet (numéro du 6 janvier 1874) :

« Dans le numéro du 18 décembre 1873, l'*Union médicale* a inséré une
très-intéressante observation relative à la guérison d'une tuberculose par le
phosphate de chaux.

« Le docteur Al. Mouchot, de Delme, auteur de cette observation, s'est
servi de phosphate de chaux neutre précipité, un peu plus soluble que le
phosphate sec ou la poudre d'os, et il dit : « J'ai voulu publier cette obser-
« vation dans tous ses détails, pour montrer qu'il n'est plus permis aujour-
« d'hui d'hésiter à employer le phosphate de chaux dans les cas où il est
« indiqué, surtout depuis que l'on a des préparations plus fidèles de ce pré-
« cieux médicament. »

« Ayant obtenu moi-même, dans la phthisie, d'excellents résultats par l'emploi du phosphate de chaux, je ne puis qu'approuver les conclusions du docteur Mouchot; mais je crois qu'il est nécessaire d'insister davantage sur le choix de la préparation. Le phosphate de chaux sec ou hydraté est peu soluble, comme le reconnaît notre confrère; aussi doit-on préférer les préparations dans lesquelles le médicament est dissous à la faveur d'un acide, et tout particulièrement le chlorhydro-phosphate de chaux, en raison de la grande quantité de sel qu'on peut ainsi faire absorber, et aussi de l'action adjuvante toute spéciale de l'acide chlorhydrique.

« Voici d'ailleurs, entre autres cas, une observation qui, quoique incomplète, me paraît de nature à démontrer d'une façon évidente les bons effets de ce médicament :

« Mme L..., âgée de ving-huit ans, est, depuis plusieurs années, sujette à s'enrhumer pendant l'hiver. Cependant ses bronchites n'ont pas été très-tenaces, et sa santé s'est montrée assez satisfaisante jusqu'en août 1873. — Notons qu'une de ses sœurs est morte phthisique.

« Vers le mois de juin, j'avais dû l'ausculter, et cet examen, peut-être un peu rapide, ne m'avait fait trouver dans les poumons aucune lésion caractérisée.

« Vers le 24 août, bronchite sérieuse pour laquelle un médecin prescrit un vomitif.

« Appelé à lui donner mes soins à partir du 30 août, je la trouve dans l'état suivant :

« Toux fréquente, surtout la nuit, pénible, sèche, quinteuse; fièvre assez vive, avec exacerbations le soir; amaigrissement très-notable, faiblesse.

« Au sommet droit, matité sous-claviculaire, expiration soufflante, craquements manifestes. — Mêmes phénomènes en arrière.

« A gauche, murmure vésiculaire rude, expiration prolongée.

« Le diagnostic est évident : il s'agit d'une phthisie à marche rapide, franchement aiguë, même en ce moment.

« *Traitement :* Pour arrêter la marche rapide des tubercules, vésicatoires répétés au sommet droit, en avant et en arrière; teinture d'iode au sommet gauche; calmants divers.

« Les phénomènes aigus se calment bientôt, et j'institue le traitement suivant : huile de foie de morue, arsenic, balsamiques divers.

« Ce traitement, exactement suivi, n'amène aucune amélioration. La maladie suit son cours : amaigrissement, faiblesse, sueurs nocturnes, perte de l'appétit et du sommeil, marche presque impossible, essoufflement. Et ces phénomènes augmentent chaque jour. — En octobre, la toux, plus fréquente encore, occasionne de nouveaux vomissements.

« Le 15 octobre, je la mets à l'usage de la solution de chlorhydro-phosphate de chaux, qui, dans d'autres cas, — un peu différents, il est vrai, — m'avait déjà donné de très-heureux résultats.

« Dès ce moment, l'amélioration commence et rapidement devient considérable. Le 22, l'appétit renaît ; il y a moins de toux, presque plus de sueurs ; seul, le sommeil continue à faire défaut.

« 15 novembre. Le mieux a continué et se fait sentir à l'auscultation.

« Dans le courant du mois, sous l'influence d'un refroidissement, rechute, phénomènes aigus, douleurs sous-claviculaires calmées de nouveau par l'application de petits vésicatoires.

« Puis, le mieux reprend, et aujourd'hui 23 décembre, malgré les conditions atmosphériques défavorables, l'embonpoint est en partie revenu, et la malade a repris ses forces. Les phénomènes stéthoscopiques existent bien encore, mais beaucoup moins accentués. »

Voici enfin un autre article du docteur Mercadié qui a trait à diverses indications du chlorhydro-phosphate de chaux, et qui a été publié par la *Gazette des Hôpitaux* du 18 avril de cette année :

« On a beaucoup parlé depuis quelques mois des résultats obtenus dans le traitement de la phthisie par une nouvelle préparation de phosphate de chaux, le chlorhydro-phosphate.

« Je n'y contredirai pas, ayant observé moi-même les excellents effets de ce médicament. Mais je crois qu'il agit surtout à titre de reconstituant général, en favorisant l'appétit et l'assimilation ; c'est-à-dire que, sous son influence, les malades se trouvant placés dans de meilleures conditions, peuvent réagir avec succès, et l'évolution de la maladie être arrêtée pour un temps plus ou moins long, ce qui, dans certains cas, équivaut à une guérison temporaire.

« Quant à la transformation crétacée des tubercules, je crois avec le professeur Sée que, jusqu'à plus ample informé, elle est au moins problématique, aucune expérience décisive ne démontrant que le phosphate de chaux soit doué à cet égard de propriétés spéciales, quoiqu'il paraisse favoriser la formation de la lymphe plastique et des tissus nouveaux.

« C'est donc au point de vue de son action reconstituante et de l'impulsion qu'il donne à la nutrition que l'on doit surtout envisager le phosphate de chaux, et à ce titre il a, en effet, dans la phthisie, une utilité incontestable. — Mais cette utilité est encore bien plus topique dans les anémies, même symptomatiques, dans la chlorose, la scrofule, le rachitisme.

« A l'égard de ce dernier, si l'on n'avait déjà été fixé, les expériences du docteur Bernard de Montbrun sur l'action comparée du lait de femme et du lait de chienne, — expériences rapportées à l'Académie par le docteur Devilliers, — n'auraient pu laisser aucun doute. — Il est donc inutile d'en parler.

« Dans les anémies, la chlorose, la scrofule, les faits ne manquent pas non plus. Mais, comme ils n'ont pas eu le même retentissement, j'en dirai quelques mots en me plaçant à un point de vue spécial.

« Dans les anémies et dans la chlorose, c'est toujours le fer et le quinquina qui se trouvent au bout de notre plume lorsque nous formulons notre ordonnance, et cependant que de mécomptes n'avons-nous pas tous éprouvés !

« Pour ce qui me concerne, depuis longtemps je n'insiste plus lorsque le résultat se fait attendre, et j'ai obtenu bien plus de succès, et de succès rapides, avec l'arsenic et le chlorhydro-phosphate de chaux.

« Il serait trop long de rapporter les observations que j'ai recueillies ; je ne veux d'ailleurs qu'insister sur quelques réflexions qui me paraissent importantes, parce qu'elles résultent d'expériences comparatives que j'ai pu suivre avec le plus grand soin.

« Dans les maladies dont je parle, le plus grand écueil, c'est le défaut d'assimilation ; et si l'on ne parvient pas à changer les conditions de vie dans lesquelles — on pourrait dire grâce auxquelles — s'est précisément développée la maladie, on arrive très-difficilement à un bon résultat. Tandis que des moyens presque indirects, l'exercice, le changement de lieux, les bains de mer, les bains sulfureux, réussissent très-bien.

« Or, le phosphate de chaux m'a paru avoir, sur les autres médicaments, cet avantage de produire le résultat désiré, malgré les mauvaises conditions d'hygiène dans lesquelles se trouvent les malades. Et combien y en a-t-il qui ne peuvent en changer !

« L'air n'est pas plus pur, les aliments ne sont pas mieux choisis, et cependant l'appétit revient, la digestion s'effectue malgré la nourriture grossière, et l'assimilation reprend toute son énergie, comme le prouvent les forces, l'embonpoint et les couleurs qui renaissent.

« A plus forte raison arrive-t-on à un bon résultat lorsqu'on parvient à modifier l'hygiène; mais j'ai voulu appuyer sur ce fait, que c'est le médicament réparateur par excellence des grandes villes. Je dois ajouter, il est vrai, que les résultats dont je parle ne peuvent être attribués au phosphate de chaux seul, car je ne les avais pas obtenus jusqu'ici avec les préparations ordinaires. — Celle dont je me suis servi (solution de chlorhydro-phosphate de chaux) contient une certaine proportion de chlorure de calcium, médicament assez actif et peu étudié encore, et je suis porté à mettre sur son compte une partie des effets observés ; car, administré seul, il réveille l'appétit et facilite la digestion, comme l'ont déjà signalé les médecins anglais. En outre, il exerce sur toute l'économie une stimulation des plus favorables, de sorte que, concourant au même but que le phosphate de chaux, il n'est pas étonnant que leur association produise des résultats aussi remarquables. »

Telle est également, à l'égard du chlorure de calcium, l'opinion du docteur Rabuteau, développée dans la deuxième édition de son *Traité de thérapeutique*. — Le chlorure de calcium serait indiqué en effet, dans tous les cas, où précisément l'on a déjà reconnu des avantages au phosphate de chaux.

Je devrais m'arrêter dans cette revue, car ces articles sont déjà bien longs, et plutôt que de les multiplier, j'ai préféré les insérer en entier pour leur conserver tout leur cachet.

On me permettra cependant, pour terminer, de citer parmi les documents qui m'ont été personnellement adressés, et dont j'ai promis de ne point parler, une lettre que m'écrivait, au mois de janvier 1874, le docteur Nelson Pautier, d'Aigre (Charente), parce qu'il s'agit d'un fait spécial qui a pu émouvoir un certain nombre de médecins.

Le chlorhydro-phosphate de chaux venait d'être violemment attaqué au point de vue de sa composition, dans une brochure qui cherchait à démontrer que l'acide lactique était l'acide du suc gastrique et non l'acide chlorydrique. (Voir à l'*Appendice*.)

« J'ai lieu de croire, m'écrivait le docteur Nelson Pautier, que cette attaque ne restera pas sans réponse de votre part. — Il importe, en effet, beaucoup que nous sachions à quoi nous en tenir sur votre produit qui, théoriquement, doit produire les meilleurs effets.

« J'ajouterai, pour ne pas m'en tenir à la théorie, que j'ai déjà fait prendre environ une soixantaine de flacons de votre solution, et que, à moins d'une illusion impardonnable, elle m'a PHÉNOMÉNALEMENT réussi, particulièrement chez un petit enfant de trois à quatre mois que j'ai vu par hasard loin de ma clientèle, scrofuleux, tout œdématié, vomissant son lait, abandonné des deux médecins qui le soignaient et presque de la famille, qui a successivement perdu quatre autres enfants.

« Cet enfant a été exclusivement soigné par votre solution aidée de quelques bains aromatiques, et il se trouve aujourd'hui, après deux mois de traitement, en excellent état.

« J'en soigne un autre de dix mois dans des conditions analogues. Il a commencé le traitement il y a dix jours, et il va déjà beaucoup mieux. Il est tellement faible toutefois, et digère si mal son lait, que je ne saurais préjuger.

« Une dame de trente-six ans, toujours valétudinaire, prenant constamment des toniques, ne s'est jamais aussi bien trouvée ni de meilleur appétit que depuis qu'elle fait usage de votre préparation. — Si M. Dusart a raison, je ne saurai à quoi attribuer ces résultats. — Veuillez donc juger la chose chimiquement et le publier; c'est du plus haut intérêt.

« Aigre, 22 janvier. »

Tout récemment, enfin, le docteur Delaplanche, de Monnerville (Oise), m'écrivait :

« Je ne me souviens pas si je vous ai rendu compte du brillant résultat que ma fille doit à l'usage de votre solution du chlorhydro-phosphate de chaux. Il y a dix-huit mois environ, ma pauvre fille était atteinte d'une phthisie au deuxième degré, et après avoir fait usage de votre solution, non-seulement tout danger a disparu, mais elle se porte à merveille. Merci, monsieur, mille fois merci, car je vous dois la vie de ma chère enfant. »

Je ne citerai pas d'autres observations, car je serais entraîné beaucoup trop loin.

N'y a-t-il pas, d'ailleurs, dans ces quelques faits que je viens de donner, des preuves suffisantes de l'efficacité du médicament, et le plus grand encouragement à en faire l'essai ? — Je crois que tout médecin impartial devra répondre par l'affirmative, ou il faut récuser toute expérience thérapeutique.

III

Propriétés physiologiques ; Indications thérapeutiques et hygiéniques

Ce chapitre aurait dû logiquement précéder ce que je viens de dire. Et si je l'ai placé à la fin de ce travail, c'est que je le considère comme inutile pour beaucoup de médecins, au courant de la question ; — et que j'ai voulu néanmoins le conserver parce qu'il peut servir de base pour les essais à tenter.

Le phosphate de chaux a été étudié par un certain nombre d'observateurs ; mais cette étude, disséminée d'ailleurs dans des publications qui ne sont pas entre les mains de tout le monde, demanderait à être complétée. — Et je dois ajouter qu'on s'en occupe un peu partout. — On ne saurait moins faire d'ailleurs, pour cet agent, que pour beaucoup d'autres bien moins importants, mais dont l'emploi, il est vrai, existe depuis plus longtemps.

Le phosphate de chaux forme la base inorganique des os ; il existe aussi dans le sang et dans tous nos liquides et nos tissus. L'homme en élimine environ 5 grammes par jour ; la principale source de cette excrétion est l'urine, les matières excrémentitielles épidermoïdales ; les cheveux en éliminent également.

M. Mège a cru remarquer que la quantité de phosphate de chaux contenue dans le sang de divers animaux était proportionnelle à la température, ainsi le sang des oiseaux en contient plus que celui de l'homme, et ce dernier plus que le sang de la grenouille.

Boussingault et Corenwinder ont démontré la relation qui existe entre les matières azotées si nécessaires à la nutrition, et les phosphates.

On pouvait donc, *à priori*, supposer aux phosphates une action considérable sur la nutrition. Et, en effet, dans les plantes, si on les supprime, la végétation s'arrête, et il ne se produit ni fleur, ni fruit ; chez les animaux, l'évolution s'arrête également et on observe les phénomènes dus à une nutrition insuffisante. Voilà pourquoi le lait, très-riche en phosphate, est si nécessaire à l'enfant, qui devient rachitique lorsqu'on a abandonné trop tôt l'alimentation lactée. Voilà aussi pourquoi la farine d'avoine obtient tant de succès chez les enfants.

D'après les recherches de Lehmann, les phosphates existent en grande quantité dans les liquides qui sont le siége d'une génération active d'éléments anatomiques, les liquides cicatriciels et le sperme par exemple.

Benkée les considère comme aussi essentiels à la formation des cellules que la graisse et l'albumine.

M. Pasteur les regarde comme de véritables aliments pour les ferments, aliments dont le concours est nécessaire pour la multiplication des cellules.

Ces sels paraissent donc être les témoins et les acteurs nécessaires de toutes les transformations de la matière organique.

Schmidt a démontré qu'ils sont en grande proportion dans les tissus de formation récente. On sait enfin qu'ils forment une grande partie du tissu nerveux, et on a été jusqu'à prétendre que la quantité de phosphate éliminée était en rapport avec le degré d'activité du tissu nerveux.

Ce que nous savons, c'est que dans les lésions des centres nerveux, l'élimination des phosphates est le plus souvent considérable, et on peut facilement s'en assurer par l'examen des urines. — Il en est de même dans la phthisie.

Dans les os des individus atteints de carie, d'ostéomalacie, de rachitisme, d'arthritis, il y a également diminution du phosphate de chaux.

Dans d'autres circonstances, au contraire, la nature a su pourvoir d'une façon fort ingénieuse au besoin de phosphates que peut avoir l'organisme. Ainsi, chez la femme enceinte, qui doit pourvoir au développement de l'embryon, les os du crâne s'épaississent, et il se forme en outre à la surface du bassin des concrétions de phosphate de chaux auxquelles Follin a donné le nom d'ostéophytes.

Il est à peine utile de mentionner les expériences de Chossat... Boeker, et plus tard Bischoff, qui ont repris ces expériences sous une autre forme, ont reconnu que, dans l'alimentation insuffisante, l'organisme perd plus de phosphates qu'il n'en reçoit; mais que si l'on ajoute aux aliments des matières hydro-carbonées, et notamment des matières grasses, l'élimination diminue. Et on pourrait en conclure que dans la phthisie, l'huile de morue et les corps gras préconisés par Trousseau agissent pour une bonne part en diminuant cette élimination que nous avons vue être très-augmentée dans cette maladie.

Les plantes puisent le phosphate de chaux qui leur est nécessaire dans la graine d'abord, puis dans le sol où il se trouve dissous par l'acide carbonique.

Les animaux le trouvent en grande quantité dans les aliments qui proviennent des différents grains et dans la chair musculaire, mais une partie seulement est absorbée grâce à la dissolution opérée dans l'estomac par l'acide chlorhydrique du suc gastrique. Le reste passe dans les fèces, aussi est-il nécessaire d'employer, pour un but thérapeutique, des préparations où ce sel se trouve déjà à l'état de dissolution. Sans cela on aurait beau forcer la dose, la partie utilisée ne varierait pas d'une façon très-sensible.

C'est ce qui est arrivé d'ailleurs dans un certain nombre d'expériences qui n'ont pas abouti, parce que l'économie ne pouvait absorber une plus grande quantité de ce sel à l'état insoluble.

Ainsi, dans un travail publié par M. André Sanson, professeur à l'École de Grignon (*Gazette hebdomadaire de médecine*, 17 avril 1874), ce savant expérimentateur conclut à la non absorption du phosphate de chaux autrement que sous la forme où il se présente dans le lait et certains végétaux.

Mais M. Sanson n'a employé que du phosphate de chaux insoluble, et certainement le résultat eût été tout différent s'il se fût servi de notre solution.

Et, cependant, on s'est appuyé sur ce travail pour prétendre que le phosphate de chaux n'était pas absorbé. Il est heureusement facile de répondre par les résultats tout opposés qu'a obtenus le Dr Lestage au laboratoire de chimie biologique de la Faculté de Paris.

Et voici le résumé des expériences qu'il a faites à ce sujet sous la direction du professeur Armand Gautier.

Le docteur Lestage a dosé tout d'abord la quantité de phosphate de chaux contenue dans les diverses préparations en usage. — Et prenant lui-même, ou administrant à d'autres, successivement sous ces diverses formes, la même quantité de sel, il a pu constater par des analyses d'urine très-minutieuses, que le *phosphate ordinaire* (*sec ou hydraté*) et le *phosphate acide* (biphosphate, phosphate monocalcique) n'étaient pas absorbés. Ceci d'ailleurs ne faisait que confirmer l'opinion émise sur le même sujet par un chimiste et physiologiste éminent, M. Mialhe.

Le chlorhydro-phosphate, — le lacto-phosphate et le glycéro-phosphate, au contraire, étaient retrouvés en quantité très-notable dans les urines.

Donnant alors ces trois derniers produits à des cochons d'Inde, — ceux qui prirent du lacto-phosphate de chaux moururent ou dépérirent rapidement. — C'était encore une confirmation des expériences de Heitzman qui, ayant administré de l'acide lactique à un grand nombre de carnivores, les vit tous dépérir promptement.

Les animaux soumis au chlorhydro-phosphate et au glycéro-phosphate de chaux, acquièrent à peu près le même développement.

Il est à noter, toutefois, que ces préparations, mélangées à leurs aliments, les empêchaient de manger avec le même appétit que ceux à qui l'on ne donnait rien, de sorte que ces derniers, prenant beaucoup plus d'aliments, prospérèrent encore davantage.

A cet égard, et sans rien infirmer de ce qui a trait au lacto-phosphate de chaux, les expériences ne furent pas suffisamment concluantes. — Il aurait fallu administrer le médicament séparément avant le repas, et si c'était trop difficile chez des cobayes, choisir alors d'autres animaux, de jeunes chiens ou des chats, par exemple.

Ne pouvant pas nier l'absorption, on a dit qu'il n'y avait pas assimilation, puisqu'on retrouvait dans les urines le phosphate de chaux ingéré. Mais quelles sont donc les substances médicamenteuses qu'on ne retrouve pas dans les urines et dans les autres excrétions ? Et comment peut-on supposer qu'une substance quelconque traverse ainsi tout le torrent circulatoire sans laisser de traces de son passage ?

On a prétendu aussi que les phosphates agissaient en tant qu'acides, comme si les acides avaient jamais produit, et pouvaient produire de semblables effets !

INDICATIONS ET USAGES THÉRAPEUTIQUES. — Du rapide résumé que nous venons de faire, on peut déduire déjà les usages thérapeutiques du phosphate de chaux, et les résultats cliniques n'ont fait que les confirmer.

Le phosphate de chaux est un agent reconstituant de l'organisme, un puissant réparateur. A ce titre, il est donc indiqué dans toutes les circonstances où il y a une dépression de l'économie. — les anémies, les cachexies d'origines diverses, l'assimilation insuffisante, les convalescences, la phthisie, la scrofule, le rachitisme.

Il possède en outre une action spéciale dans les maladies des os (fractures, caries, ostéomalacie, mal de Pott, rachitisme), dans la scrofule, la phthisie, l'état nerveux, le développement de l'embryon et de l'enfant. Il est donc indiqué à un double titre dans ces maladies, ainsi que chez la femme enceinte et les enfants en bas âge placés dans de mauvaises conditions hygiéniques.

Un mot sur ces divers états :

Anémies, chlorose, cachexies, etc. — Le phosphate de chaux est un puissant adjuvant du fer et du quinquina, mais son action est surtout évidente dans les cas assez fréquents où ces deux agents sont mal supportés ou ne produisent aucun résultat.

Dans la chlorose et dans l'anémie compliquée d'état nerveux, comme cela arrive si souvent, le phosphate de chaux, en fournissant au tissu nerveux un élément de réparation qui lui manque, agit avec une puissance et une rapidité qui paraîtront surprenantes à ceux qui n'en auront pas encore observé les effets. Et à l'état de chlorhydro-phosphate de chaux surtout, la stimulation de l'appétit et de la digestion, et la facile assimilation des aliments protéiques, aideront singulièrement à ce résultat.

Dans les cachexies, même celles d'origine organique, dans l'assimilation insuffisante, les longues suppurations, les convalescences, il produira pour les mêmes motifs des résultats qu'on demanderait en vain aux autres médicaments, et, mieux qu'aucun autre aussi, il relèvera et maintiendra les forces.

Phthisie. — Stone est le premier qui ait employé le phosphate de chaux dans la phthisie. — Par suite de son action sur la nutrition et la formation des cellules, par suite également de la diminution des phosphates dans cette maladie, il était rationnel en effet de l'appliquer au traitement de la phthisie. Mais de plus, mieux que tout autre sel, il pouvait provoquer et faciliter la transformation crétacée des tubercules.

Toutefois, les essais tentés dans le principe ne furent qu'à moitié satisfaisants, parce qu'on n'employait que le phosphate de chaux sec, et qu'une faible partie seulement était assimilée. — Avec le chlorhydro-phosphate de chaux, on peut obtenir, comme on a pu le voir par les observations que nous avons insérées plus haut, des résultats bien autrement importants.

Albuminurie. — Très-employé comme reconstituant général, et pour favoriser la transformation en tissus de l'albumine.

Glucosurie. — Les glucosuriques qui rendent des urines très-abondantes et qui ne mangent pas de pain, ne trouvent point dans leurs aliments assez de phosphates pour suffire à l'élimination; il faut y penser, dit le professeur Bouchardat.

Scrofule. — C'est encore à Stone que revient la première idée de l'administration du phosphate de chaux dans la scrofule, et ce médecin a rapporté dans le *New-Orléans médecine journal,* un certain nombre d'observations qui ont été reproduites par le *Bulletin de thérapeutique* (année 1852, page 229).

Cet agent, toutefois, ne doit pas dispenser, croyons-nous, d'employer les iodiques.

Dans les *maladies des os,* le *rachitisme,* le *mal de Pott,* on connaît les résultats obtenus par Mouriès et par Piorry, et il ne s'agissait cependant que de phosphate de chaux sec.

Chez les femmes enceintes et les jeunes enfants, il peut être également très-utile, alors surtout que les conditions de la vie matérielle laissent à désirer, comme cela arrive si fréquemment dans les grandes villes. Et il peut prévenir bien des maladies de l'enfance et diminuer la mortalité, comme Mouriès l'a déduit de ses analyses.

Dans les *fractures,* enfin, il hâte singulièrement la formation du cal, et le professeur Gosselin, pour ne citer qu'un expérimentateur, a observé à cet égard un cas des plus probants.

Il s'agissait d'un nommé Franconne, âgé de cinquante-cinq ans, qui, par un concours de circonstances trop longues à rapporter, fut atteint successivement de trois fractures du bras. La première fois, on n'administra pas de phosphate de chaux et le cal mit quarante-cinq jours à se former. — La seconde fois, on prescrivit du phosphate de chaux, et le cal se forma en trente-cinq jours. — La troisième fois, sous la même influence, la fracture se consolida en vingt-cinq jours. — Or l'autorité de l'expérimentateur ne permet pas de mettre en doute le résultat qui, dans certains cas, chez les vieillards, peut être inappréciable.

J'oubliais les dyspepsies, surtout les dyspepsies par altération des glandes à peptone, dans lesquelles le chlorhydro-phosphate de chaux tout particulièrement fait merveille.

IV

Appendice

Voici les expériences du docteur Rabuteau dont nous avons parlé, expériences qui ont été faites devant la Société biologique de Paris, et qui ont établi d'une façon péremptoire et définitive que l'acide chlorhydrique était bien l'acide du suc gastrique :

1° Un iodure mélangé d'iodate produit sur l'amidon une coloration bleue lorsqu'il est mis en contact avec l'acide chlorhydrique, au millième. Il ne produit pas de coloration lorsqu'il est mélangé avec des chlorures, ou avec de l'acide lactique, même à deux millièmes et plus.—Or le mélange des deux sels, iodure et iodate, avec le suc gastrique et l'amidon, produit cette coloration bleue.

Donc il y a dans le suc gastrique de l'acide chlorhydrique libre.

2° Du suc gastrique frais, saturé avec de la quinine récemment précipitée, donne naissance à du chlorhydrate de quinine.

D'où viendrait ce sel, s'il n'y avait pas d'acide chlorhydrique libre dans le suc gastrique?

À l'égard de cette dernière expérience, extrêmement importante, voici comment avait procédé le jeune et savant physiologiste (compte rendu du *Journal de thérapeutique*) :

Ayant recueilli une certaine quantité de suc gastrique de chien, il le traita par la quinine pure. Celle-ci fut dissoute instantanément. Le liquide ainsi obtenu fut divisé en deux parties après avoir été concentré dans le vide. L'une subit l'action du chloroforme qui ne dissout pas certains chlorures, mais qui dissout le chlorhydrate de quinine. Ce dernier sel fut trouvé en effet dans la solution chloroformique, et les réactifs ordinaires démontrent qu'il s'agissait bien d'un chlorhydrate. L'autre portion fut traitée par l'alcool amylique pour séparer le chlorhydrate de quinine en laissant de côté certains chlorures, et cette fois encore on reconnut qu'il s'agissait bien d'un chlorhydrate, lequel n'avait pu évidemment se former qu'aux dépens de l'acide chlorhydrique *libre* de suc gastrique. Ainsi se trouvait résolu le problème.

Mais le doute n'existait d'ailleurs pour aucun chimiste au courant de la question. Braconnot, Prout, Schmidt, les professeurs Wurtz, Armand Gauthier, Lassaigne, avaient déjà victorieusement soutenu cette opinion. — Melsens avait démontré également que le suc gastrique attaque le fluorure de calcium, ce que ne fait aucun acide organique et ce qui prouvait ainsi nécessairement la présence d'un acide minéral libre.

Le docteur Laborde, néanmoins, a soulevé quelques objections, aux expériences du docteur Rabuteau, mais ce dernier n'a pas eu de peine à relever les erreurs de son contradicteur dont les procédés avaient paru d'ailleurs peu concluants à la Société de biologie prise pour juge. Et, à ce propos, M. Rabuteau a fait part à la Société de nouvelles espérances entreprises encore à ce sujet. — Ainsi, ayant neutralisé du suc gastrique avec de la soude caustique, il a obtenu un sel de soude qui n'était point du lactate, et l'acide lactique, recherché par d'autres procédés très-minutieux, n'a pu être trouvé, même comme traces, alors qu'il était facilement décelé, si on en mettait préalablement une quantité même infinitésimale.

Quand on a rencontré de l'acide lactique, il s'agissait, ainsi que le dit le professeur Würtz, de digestions mauvaises. — C'est donc l'acide chlorhydrique qui est l'acide du suc gastrique, comme l'avait précédemment démontré M. Rabuteau, en faisant avec le suc gastrique et la quinine du chlorhydrate de quinine. — Et l'objection que ce chlorhydrate proviendrait d'une transformation consécutive d'un lactate tombe d'elle-même, puisqu'il n'y a pas d'acide lactique. Cet acide chlorhydrique provient d'un phénomène dialytique sur le chlorure de sodium qui existe en assez forte proportion dans le sang, à l'exclusion du lactate de soude. Ce dernier, d'ailleurs, ne saurait exister dans le sang, puisqu'il est détruit, brûlé et transformé en bicarbonate de soude lorsqu'on l'a injecté dans le torrent circulatoire.

Voir le compte rendu très-détaillé de ces expériences dans la Gazette Médicale de Paris, *n° du 16 Janvier 1875.*

COIRRE, Pharmacien,

79, Rue du Cherche-Midi.

NOTA

A la demande de quelques médecins, j'ai fait un sirop et du vin (Malaga) de chlorhydro-phosphate de chaux qui peuvent répondre à certaines indications. — Mais pour un traitement de durée, la solution — bien plus économique d'ailleurs — devra toujours être préférée à cause de son insipidité. — Quelque bons que soient les sirops, les malades s'en fatiguent toujours promptement.

Ma solution de chlorhydro-phosphate de chaux est renfermée dans des flacons de verre jaune foncé, marqués à mon nom. — Elle est du prix de 2 fr. 50 le flacon de 310 grammes, et se trouve dans toutes les pharmacies.

On l'emploie à la dose de :

Une à deux cuillerées à bouche immédiatement avant les deux principaux repas, dans un peu d'eau sucrée, ou de préférence un peu de vin pur ou étendu d'eau.

PARIS. — TYPOGRAPHIE A. POUGIN, 13, QUAI VOLTAIRE. — 9396

9 782329 166537